配电网无人机巡检作业一本通

自主巡检

国网浙江省电力有限公司 ◎ 编著

图书在版编目（CIP）数据

配电网无人机巡检作业一本通. 自主巡检 / 国网浙江省电力有限公司编著. -- 北京： 企业管理出版社，2024.5
ISBN 978-7-5164-3060-6

Ⅰ. ①配…　Ⅱ. ①国…　Ⅲ. ①无人驾驶飞机－应用－配电系统－巡回检测－技术培训－教材　Ⅳ. ①TM727

中国国家版本馆CIP数据核字(2024)第082077号

书　　名:	配电网无人机巡检作业一本通. 自主巡检	**书　　号:**	ISBN 978-7-5164-3060-6
作　　者:	国网浙江省电力有限公司	**责任编辑:**	蒋舒娟
出版发行:	企业管理出版社	**经　　销:**	新华书店
地　　址:	北京市海淀区紫竹院南路17号	**邮　　编:**	100048
网　　址:	http://www.emph.cn	**电子信箱:**	26814134@qq.com
电　　话:	编辑部（010）68701661　发行部（010）68701816	**印　　刷:**	北京亿友创新科技发展有限公司
版　　次:	2024年5月第1版	**印　　次:**	2024年5月第1次印刷
规　　格:	700mm × 1000mm　1/32	**印　　张:**	2.125印张
字　　数:	50千字	**定　　价:**	98.00元

编委会

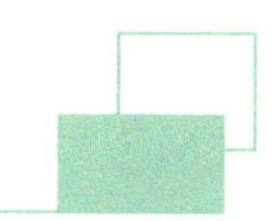

【前言】

自2018年以来，国网浙江省电力有限公司以建设现代设备管理体系为契机，以逐年提升供电可靠性为目标，积极推进传统巡检向智能巡检的转变，推动人工智能技术与配电网巡检业务的融合，逐步以无人机巡检配电网架空线路代替传统人工巡检。除应用无人机开展配电网架空线路巡检作业外，还覆盖无人机配电网工程验收、红外测温、牵引放线作业、应急故障巡视、应急照明辅助抢修、喷火除障、激光雷达点云数据采集、带电作业现场安全监督等应用场景，但均无统一的作业标准、规范和流程。

为进一步提高公司一线员工对配电网架空线路无人机应用场景的了解，同时规范无人机作业流程和作业标准，国网浙江省电力有限公司培训中心组织编写《配电网无人机巡检作业一本通》，以此作为一线员工的培训教材，从“人机协同”“自主巡检”“拓展应用”三个角度阐述无人机在实际配电网架空线路巡检过程中的应用场景、作业标准、作业规范和作业流程等内容。

在编写过程中，编写组按照作业项目的基本流程，在保证各环节符合规范要求的基础上，形成本书的文字内容。在此基础上，请一线专家演示，自编、自导、自演，拍摄大量的图片，对作业项目中无人机飞行的标准、安全飞行距离、标准拍摄顺序和角度等进行说明和规范展示，这对无人机应用的具体操作起到规范作用。

本书以配电网无人机巡检作业为立足点，围绕“人机协同”“自主巡检”“拓展应用”三类现场作业场景，介绍配电网无人机巡检作业的应用场景；对作业前、作业中、作业后的作业概况、作业条件、作业标准流程、作业注意事项及作业后数据上传等内容进行详细讲解，具备很强的实用性，可供从事配电网无人机巡检作业一线员工学习参考。

由于编者水平所限，疏漏之处在所难免，恳请各位专家、读者提出宝贵意见！

编写组

2023 年 12 月 25 日

【目录】

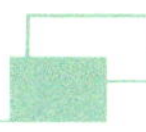

第 1 章　配电网无人机激光雷达点云数据采集

1.1 作业概况

配电网无人机激光雷达点云数据采集，即采用无人机挂载激光雷达设备对配电网架空线路、杆塔、线路通道及周边环境进行扫描采集。其采集的点云数据在电力上主要应用于航线规划、通道树障分析、电网一张图坐标校准等。

1.2 作业条件

1.2.1 空域环境

（1）开展架空配电线路无人机作业应遵守《无人驾驶航空器飞行管理暂行条例》（国务院、中央军事委员会令第 761 号）及其他相关国家法律法规与地方政策，规范化使用空域。

（2）未经空中交通管制批准，无人机不得在空中危险区、空中禁区、空中限制区飞行。

（3）执行作业任务前，有关部门应按照有关流程办理空域申请手续。

1.2.2 气象条件

在以下气象条件下，不宜开展无人机巡检作业。

（1）能见度小于 300m 的天气情况。

（2）4 级以上大风或阵风。

（3）雾、雪、大雨、冰雹等恶劣天气。如突遇以上天气变化，已开展的作业应及时终止。

1.2.3 作业现场环境

（1）作业前，应提前勘察、判断作业环境是否满足无人机起降要求。

（2）作业人员应熟悉掌握飞行作业线路情况。

（3）作业现场应远离爆破、射击、烟雾、火焰、机场、铁路、人群密集、高大建筑、军事管辖、无线电干扰等可能影响无人机飞行的区域。无人机不宜在变电站（所）、电厂上空穿越。

（4）无人机的起降点应与配电线路和其他设备及附属设施保持足够的安全距离，具备起降条件。

（5）作业前，无人机应预先勘察好紧急情况下的安全降落地点。

（6）无人机起飞和降落时，作业人员应与其始终保持足够的安全距离，不应站在无人机航线的正下方。

（7）作业人员划定作业区域，确保其不受外部环境干扰，必要时，可在现场设置安全围栏。

（8）作业现场不应使用可能对无人机通信链路造成干扰的电子设备。

（9）应在作业环境内有信号塔、居民城区信号干扰较多的地区减少超视距飞行。

（10）作业区域处于狭长地带或大档距、大落差等特殊区域时，作业人员应根据无人机的性能及气象情况

判断是否开展作业。

1.2.4 人员情况

（1）作业人员需熟悉配电网无人机作业系统，取得《无人驾驶航空器飞行管理暂行条例》（国务院、中央军事委员会令第 761 号）规定的相应驾驶员资质证。

（2）作业人员包括工作负责人（一名）和工作班成员，工作班成员至少包括一名无人机驾驶员（以下简称“飞手”），必要时应增设无人机观测员岗。

1.3 巡检计划编制及设备领用

1.3.1 巡检计划编制 / 发布

作业前，需通过供电服务指挥系统提前编制任务派发至浙江配电 App，并根据作业任务开具工作任务单。

（1）登录供电服务指挥系统，进入功能菜单—业务处理—巡视计划编制—中台，点击“新增”按钮，弹出任务框。点击“添加设备”，选择此次作业的线路，巡视类型一般为定期巡视，选择好巡视人员，确定计划开始时间与结束时间。巡视方式选择“无人机巡视”，飞行类型选择“首飞”，巡视种类选择“通道巡视”，巡视分类选择“点云数据采集”，点击“保存”。保存后选中这条任务，点击“计划发布”。巡视计划编制如图 1-1 所示。

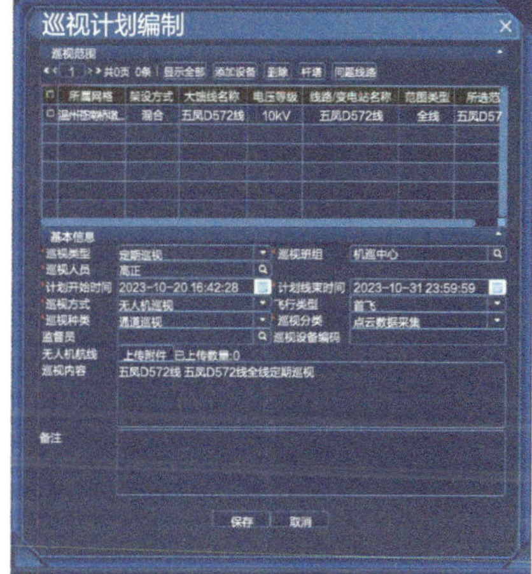

图1-1　巡视计划编制

（2）在平板或手机上打开浙江配电 App，登录飞手供服账号，点击左上角“任务单”，在首飞任务中查看是否有此条任务。如图 1-2 所示。

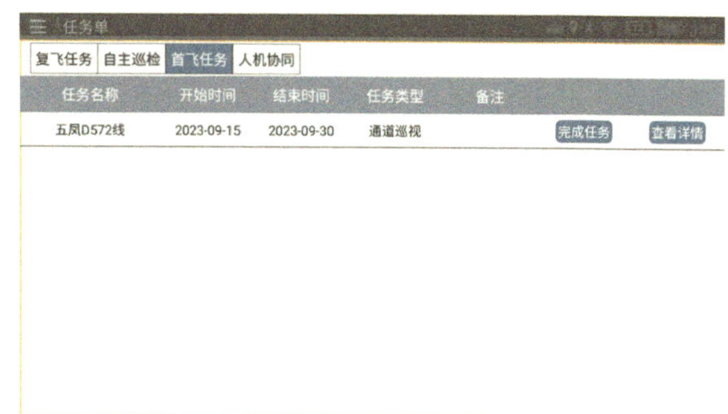

图1-2　查看首飞任务

填写工作任务单：除了填写基本信息外，工作任务单上应详细填写本次作业的使用空域范围、工作任务、安全措施等，如表 1-1 所示。（本次作业机型以大疆 M300RTK 搭载数字绿土 X2 雷达为例）

表1-1　工作任务单

单位：×××××	编号：2023-09-15-fx-01
1. 工作负责人：×××　　工作许可人：×××	
2. 工作班：配电运检班 工作班成员（不包括工作负责人）：×××	
3. 作业性质： 自主巡检（ ）精细化巡检（ ）工程验收（ ）通道巡检（ ）故障巡检（ ）特殊巡检（ ） 红外测温（ ）点云数据采集（ √ ）	
4. 无人机型号及组成：M300RTK、绿土 X2 雷达、电池及桨叶若干	
5. 使用空域范围：（五凤 ××× 线 5 号杆 ~9 号杆）	
6. 工作任务：（五凤 ××× 线 5 号杆 ~9 号杆点云数据采集）	

7. 安全措施（必要时可附页绘图说明） 7.1 飞行巡检安全措施 ①巡检作业时，时刻注意无人机各项数据是否正常； ②巡检作业时，无人机距带电设备距离不小于 3m，距周边障碍物距离不小于 5m； ③无人机巡检飞行速度不宜大于 10m/s； ④确认气象条件是否满足无人机作业要求； ⑤检查起降点净空范围内有无障碍物，满足安全起降要求。 7.2 安全策略 ①当无人机巡检系统在飞行过程中出现偏离航线的情况时，飞手应采用一键返航； ②当无人机意外坠落时，飞手应第一时间切断动力电源； ③应提前设置低电压报警功能。 7.3 其他安全措施和注意事项 ①在巡检过程中，飞手始终注意观察无人机电机转速、电池电压、航向、飞行姿态等遥测参数，出现异常时应立即报告工作负责人； ②如遇雷、雨、大风天气应停止作业，无人机立即返航就近降落； ③操作人员工作前 8 小时不得饮酒。
8. 许可方式及时间 许可方式：当面通知 许可时间：____年____月____日____时____分至____年____月____日____时____分
9. 作业情况 作业自____年____月____日____时____分开始，于____年____月____日____时____分，无人机撤收完毕，现场清理完毕，作业结束。 工作负责人于____年____月____日____时____分 向工作许可人用当面报告方式汇报。 无人机巡检系统状况：良好

工作负责人：××× 工作许可人：×××
填写时间：____年____月____日

1.3.2 设备领用

作业前，飞手到所在单位仓库填写设备领用单（见图1-3），写明无人机及相关配件型号及数量（M300R TK无人机一架、遥控器一个、数字绿土X2雷达一套、M300R TK电池及桨叶若干），作业完成后及时归还。

图1-3 填写设备领用单

凭设备领用单在仓库领取相关无人机设备及配件，做好交接，当面清点领用物品。如图1-4和图1-5所示。

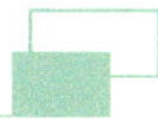

图1-4　领取相关无人机设备及配件

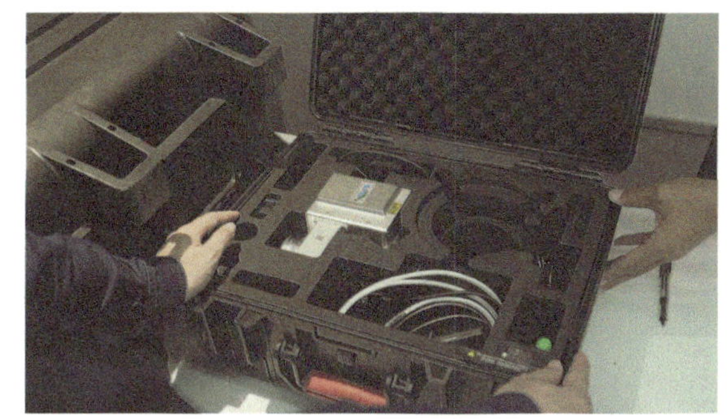
图1-5　清点物品

1.3.3 设备检查

（1）外观检查：检查无人机外观是否完好，无明显损坏或裂纹，检查桨叶是否完好。如图 1-6 所示。

（2）电池检查：检查无人机电池的电量是否充足，并确保电池没有明显的损坏。如图 1-7 所示。

（3）遥控器检查：检查无人机遥控器电量是否充足，按钮、摇杆是否灵敏，无卡滞现象。如图 1-8 和图 1-9 所示。

图1-6　外观检查

图1-7　电池检查

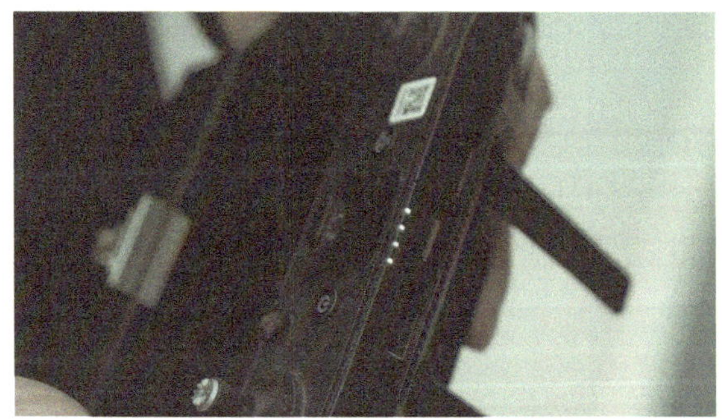

图1-8　遥控器电量检查

图1-9　遥控器按钮、摇杆检查

（4）无人机系统检查：检查图传、数传是否正常；检查软件版本是否需要更新；检查 GPS 和导航系统是否准确，确保无人机能够定位自身位置并规划飞行路径。如图 1-10、图 1-11 和图 1-12 所示。

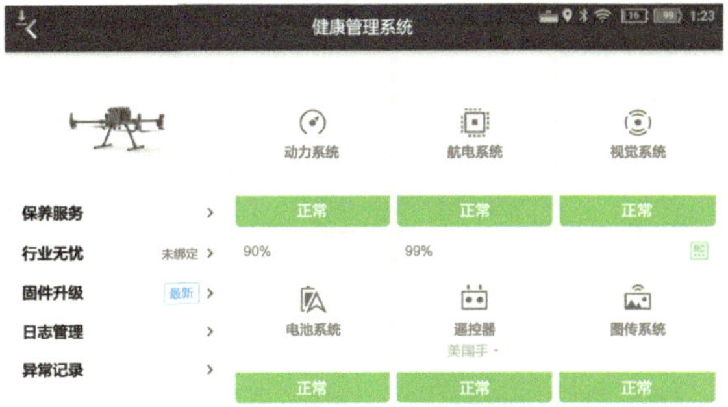

图1-10　无人机系统检查

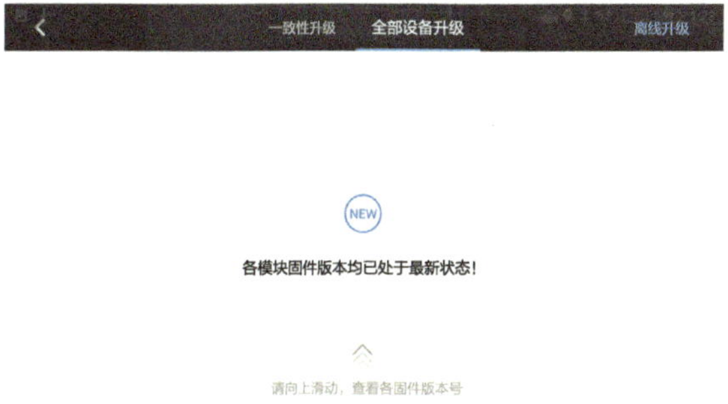

图1-11　检查软件版本

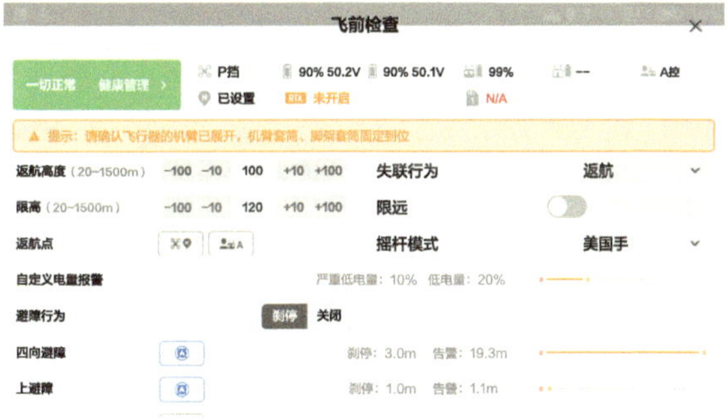

图1-12　系统参数检查

激光雷达及配件检查：查看激光雷达外观是否正常，天线、OSDK 控制线、存储卡等配件是否齐全良好。如图 1-13、图 1-14 和图 1-15 所示。

图1-13　激光雷达外观检查

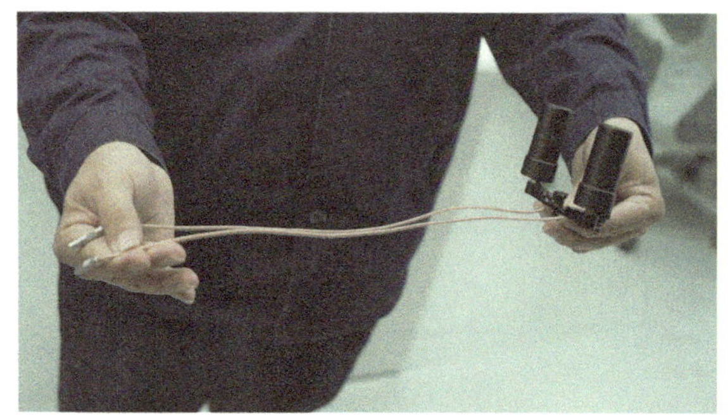

图1-14　天线检查

图1-15　OSDK控制线检查

1.4 现场作业前准备

1.4.1 勘察现场环境

检查现场是否符合飞行条件，周围是否有影响安全飞行的交跨线路及建筑物、树木等。如图 1–16 所示。

观测天气：天气应为非雨、雪、雾、大风天气，现场风速应小于 8 m/s（4 级风）。如图 1–17 所示。

确认现场作业范围内应有适合无人机起飞和降落的地点。如图 1–18 所示。

图1–16　检查现场环境

图1–17　观测天气

图1–18　无人机起降点确定

1.4.2 站班会

作业开始前应进行站班会，开展“三交三查”工作。“三交”是交任务、交安全、交措施；“三查”是查工作着装、查精神状态、查个人安全用具。工作负责人进行任务分工（一人操作飞行，一人监护并记录数据），检查完毕后履行许可手续。站班会如图 1-19 所示。

图1-19　站班会

1.4.3 起飞前准备工作

（1）飞手按以下步骤安装无人机：安装无人机脚架，将无人机置于空旷安全位置，展开无人机机臂，旋紧四个机臂套筒，安装无人机电池并锁紧卡扣，展开无人机桨叶。如图 1-20、图 1-21、图 1-22、图 1-23、图 1-24 和图 1-25 所示。

图1-20　安装无人机脚架（a）

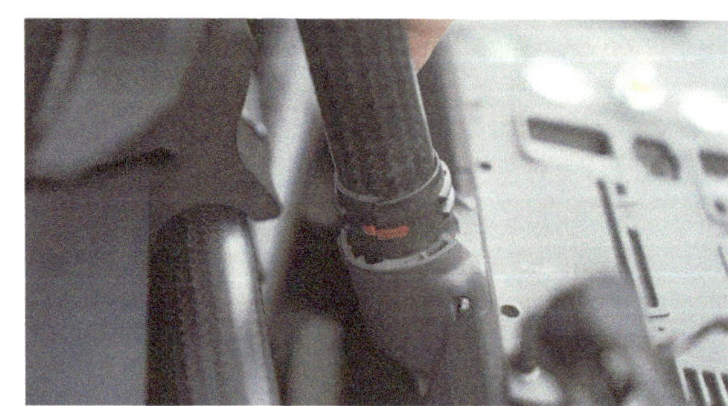

图1-21　安装无人机脚架（b）

图1-22　展开无人机机臂

图1- 23　安装无人机电池

图1-24　锁紧卡扣

图1-25　展开无人机桨叶

（2）安装激光雷达。第一步，将激光雷达接口处白点与无人机云台支架红点对齐，沿箭头方向旋转至两红点对齐。如图 1-26 和图 1-27 所示。

图1-26　白点与无人机云台支架红点对齐

图1-27　两红点对齐

第二步，安装 GPS 天线：连接 GNSS1 和 GNSS2 天线馈线，GNSS1 连接后天线，GNSS2 连接前天线（飞行方向为前）。如图 1-28 和图 1-29 所示。

图1-28　安装天线

图1-29　连接GNSS1和GNSS2天线馈线

第三步，安装 OSDK 控制线：将 OSDK 控制线的一头插在雷达 PWR 口，另一头从雷达后侧绕过，插在飞机机身右侧的 TYP-C 接口，激光雷达与无人机完成连接。如图 1-30、图 1-31 和图 1-32 所示。

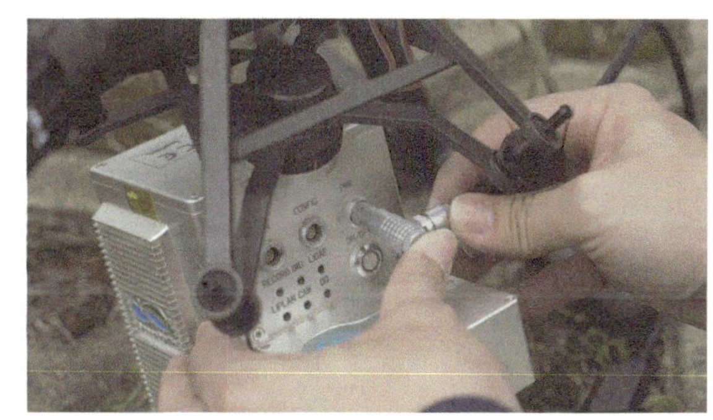

图1-30　OSDK控制线的一头连接雷达PWR口

图1-31　另一头连接飞机TYP-C接口

图1-32　激光雷达与无人机完成连接

（3）开机自检：先开启遥控器电源，再开启无人机电源。待无人机完全开机后，长按激光雷达电源键，此时 6 个信号灯闪烁，等待自检完成（除左上角 RECORD 熄灭外，其余 5 个信号灯均为蓝色常亮。注意：DQ 灯红色时，说明信号数据质量差，此时应关闭雷达电源，将无人机移至空旷地带再次开启雷达电源完成自检）。如图 1-33 与表 1-2 所示。

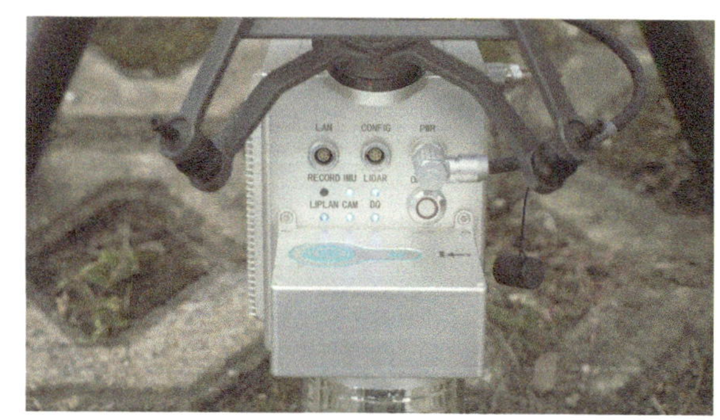

图1-33　激光雷达自检完成状态

表1-2　激光雷达状态指示灯含义

LED	颜色 / 状态	含义
RECORD	蓝色慢闪 1 秒 1 次	存储空间小于 6G
	蓝色常亮	工程已创建，设备已准备完成，开始采集惯导数据
IMU	红色常亮	惯导未对准
	蓝色快闪 0.5 秒 1 次	惯导粗对准
	蓝色常亮	惯导已完成初始化对准
LIDAR	红色常亮	激光雷达未同步
	蓝色常亮	激光雷达已同步
LIPLAN	蓝色常亮	Onboard 通信正常
CAM	蓝色常亮	相机正常工作
DQ	红色常亮	数据质量差
	蓝色快闪 0.5 秒 1 次	计算中
	蓝色常亮	数据质量合格

（4）短按雷达电源键，面板 RECORD 指示灯蓝色常亮，雷达自动创建工程并采集惯导数据；此时可以听见雷达上相机开始周期性拍摄的声音，表示数据开始采集并记录采集数据的起始时间。如图 1-34 和图 1-35 所示。

图1-34　短按雷达电源键

图1-35　雷达指示灯全亮

（5）进入遥控器自带的 App 操作界面，检查并确认飞行状态栏中无异常；检查摇杆模式、返航高度、失控动作等设置是否合理正确；检查 GPS 信号、图传质量是否良好；检查确认无人机完成返航点刷新状态。将遥控器飞行模式切换至 T 挡或 S 挡均可。如图 1-36 和图 1-37 所示。

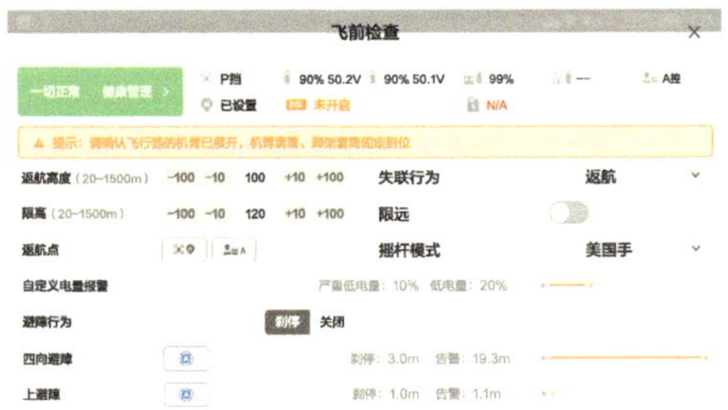

图1-36　系统状态检查

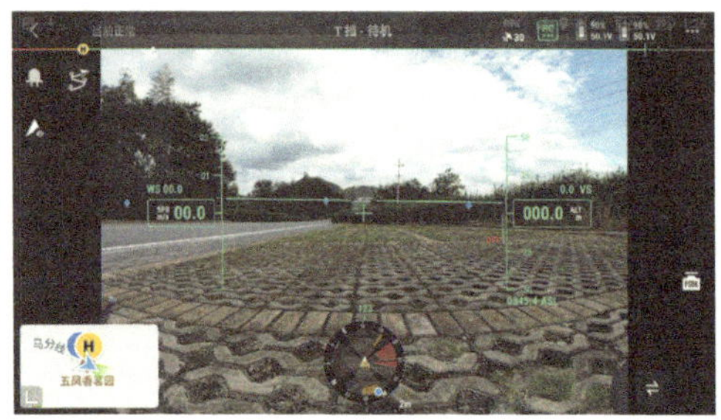

图1-37　检查GPS信号、图传质量

（6）按左上角返回键退出当前 App，在应用程序中打开浙江配电 App，在任务单中找到此条作业任务，点击“查看详情”，弹出对话框后点击“加载”，出现两个选择：首飞采集、激光点云。根据实际需要选择其中一个，进入地图页面。如图 1-38、图 1-39、图 1-40 和图 1-41 所示。

图1-38　登录浙江配电App

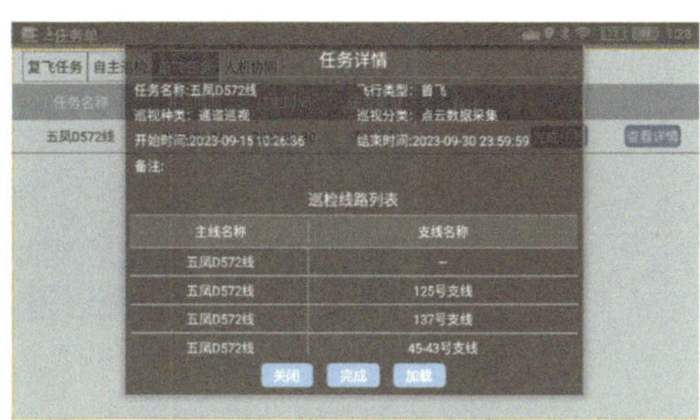

图1-39　查看任务详情

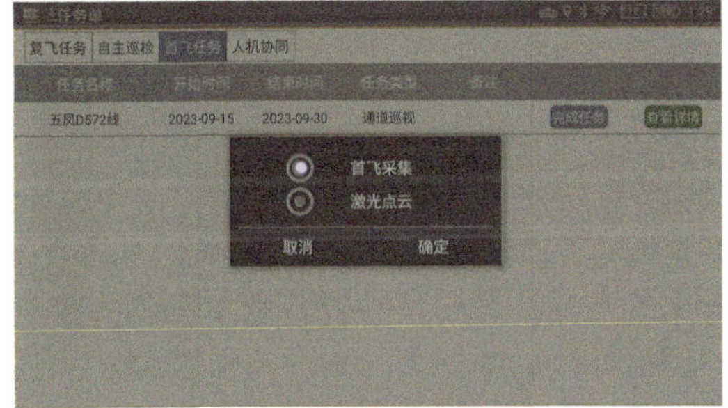

图1-40　选择作业模式

图1-41　进入首飞采集模式界面

（7）点击左上角 Z 形图标，选择需要采集的线路（主线或支线），点击“加载线路”。如图 1-42 所示。

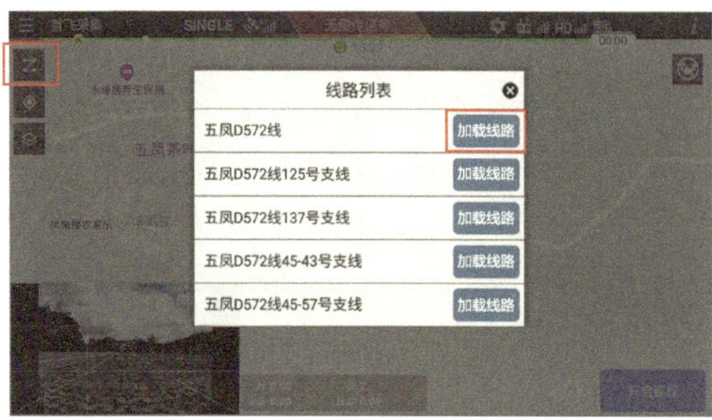

图1-42 加载线路

（8）点击左上角第二个图标，选择巡检点（杆号）后点击“确定”，弹出“是否开始首飞采集”的对话框，点击“确定”；如有提示是否关闭 RTK 飞行，点击“关闭 RTK”。如图 1-43、图 1-44 和图 1-45 所示。

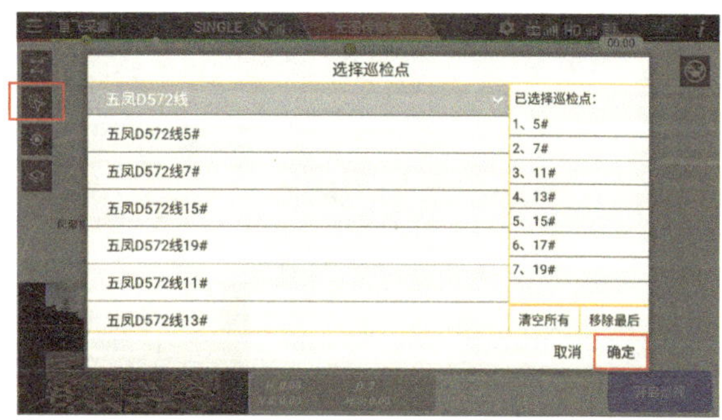

图1-43 选择巡检点

图1-44　首飞采集对话框

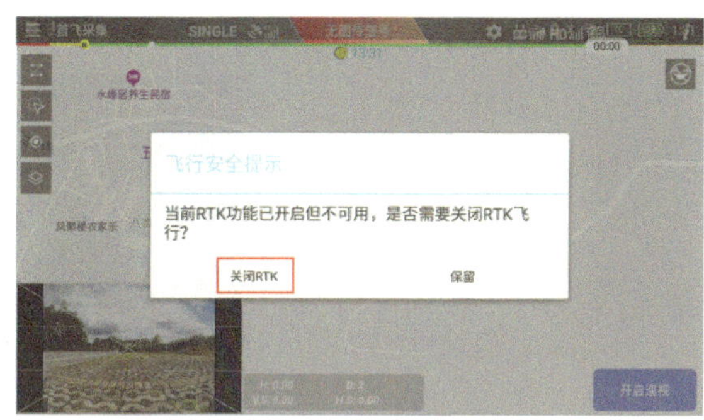

图1-45　关闭RTK

（9）点击右下角开启巡视，进入飞行安全检查。当状态栏中全部为绿色指示时点击“开始执行”，此时会提示更新任务单成功，可以进行作业。如图 1-46 和图 1-47 所示。

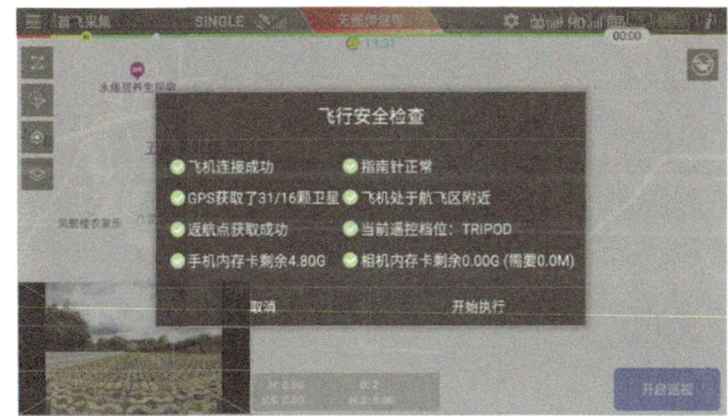

图1-46　状态栏指示

图1-47　提示更新任务单成功，可以进行作业

此时可以点击左下角图传画面把实时画面放大。如图 1-48 所示。

图1-48　实时图传画面

1.5 飞行作业

1.5.1 起飞至降落

（1）无人机解锁起飞，起飞至适当高度后，手动完成“8”字飞行，用于校准雷达 IMU。如图 1-49 所示。

（2）“8”字飞行结束后，手动操控无人机飞行至仿线线路起始杆正上方，线上距离与设置的仿线高度保持 ±5m 内的差值。例如，当仿线高度设置为 15m 时，手动飞行到线路上方 10~20m 即可，将无人机机头对准需要执行仿线任务

图1-49　“8”字飞行

线路的顺线路方向。如图 1-50 和图 1-51 所示。

图1-50　飞行至仿线线路起始杆正上方

图1-51　无人机机头对准需要执行仿线任务线路的顺线路方向

（3）将遥控器飞行模式切到 P 模式，此时无人机沿配电线路自动飞行。仿线过程中可以随时切换非 P 和 P 模式，退出 / 进入仿线。如图 1-52 和图 1-53 所示。

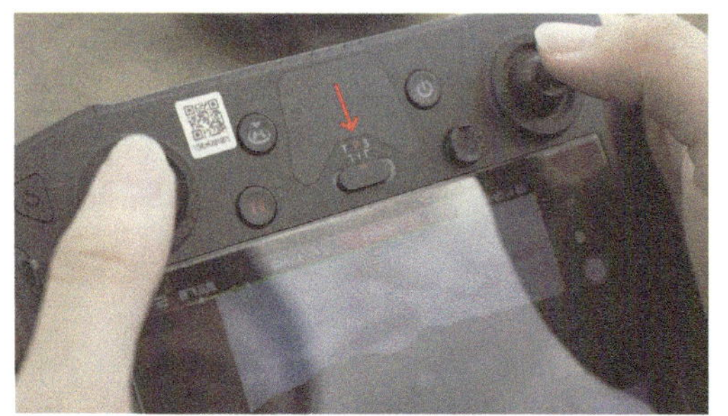

图1-52　遥控器飞行模式切到P模式

图1-53　无人机自动仿线飞行

（4）仿线采集任务结束后，遥控器飞行模式切换到T挡或S挡模式，手动操控无人机返航。无人机降落前，再手动进行“8”字校准。如图1-54和图1-55所示。

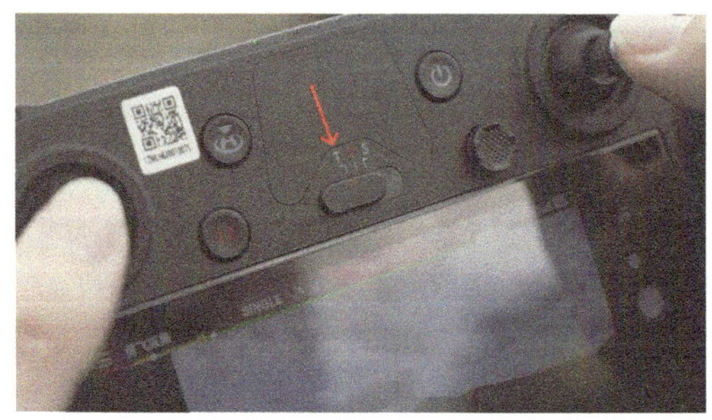

图1-54　遥控器飞行模式切换到T挡或S挡模式

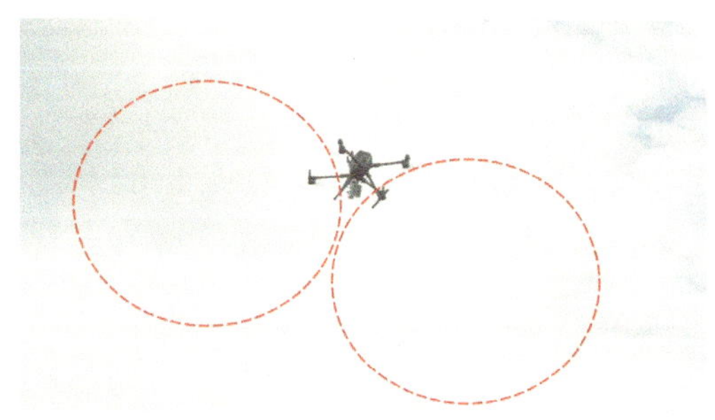

图1-55　“8”字校准

（5）飞行中如遇到紧急状况，遥控器飞行模式切回 T 档或 S 档模式，飞手及时进行手动操作。

（6）待无人机降落且桨叶停转后，可看到右下角自动结束巡视且提示“飞行记录上传结束”，到任务单界面根据实际情况点“停止”或者“完成”该任务。如图 1-56 和图 1-57 所示。

图1-56　飞行记录上传结束

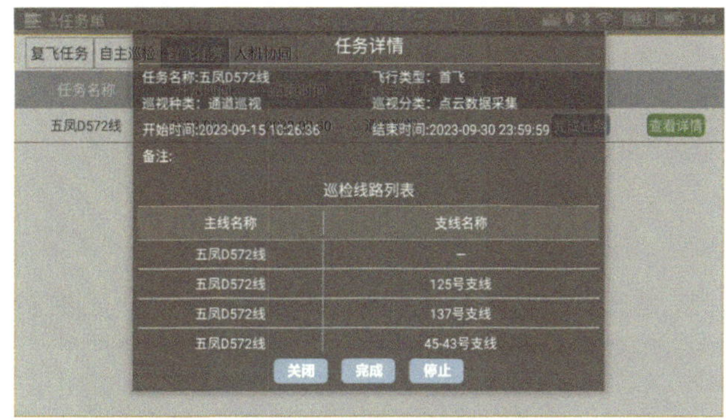

图1-57　任务单结束选择

（7）雷达静置 5 分钟后短按雷达电源键，RECORD 采集指示灯熄灭，工程保存并关闭。如图 1-58 和图 1-59 所示。

图1-58　短按雷达电源键

图1-59　RECORD 采集指示灯熄灭

（8）长按雷达电源键，关闭雷达电源。如图 1-60 和图 1-61 所示。

图1-60　长按雷达电源键

图1-61　关闭雷达电源，指示灯全部熄灭

（9）关闭无人机电源。关闭遥控器电源。

1.5.2 巡检完成整理设备

（1）依次取下 GPS 天线、OSDK 控制线、激光雷达，分别放入雷达专用箱（见图 1-62、图 1-63、图 1-64 和图 1-65）。

图1-62　取下GPS天线

图1-63　取下OSDK控制线

（2）依次折叠无人机桨叶，取下无人机电池，按顺序折叠机臂，安装桨托，将无人机放入设备箱，拆下脚架，整理设备，确认现场无遗留物。如图 1-66 所示。

（3）工作负责人将工作任务单终结。如图 1-67 所示。

图1-64　取下激光雷达

图1-65　分别放入雷达专用箱

图1-66　设备整理完成

图1-67　任务终结

1.6 数据下载

1.6.1 激光雷达数据下载

（1）取出雷达内 T-Fast 存储卡，使用读卡器并连接电脑，在“我的电脑”中查看“无人机盘符”，进入 TFCARD 文件夹中找到以数字结尾的文件夹（非后缀为_NAV 文件夹），通过生成文件夹的时间与飞行时记录的时间确定此段数据的飞行架次，将这些工程文件拷贝至电脑或硬盘。如图 1-68 和图 1-69 所示。

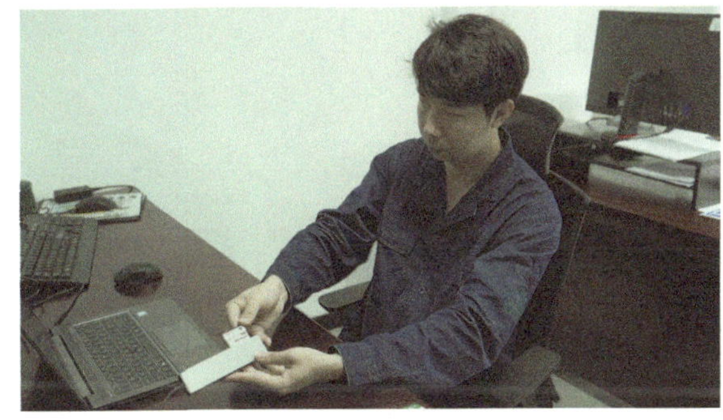

图1-68　使用读卡器连接电脑

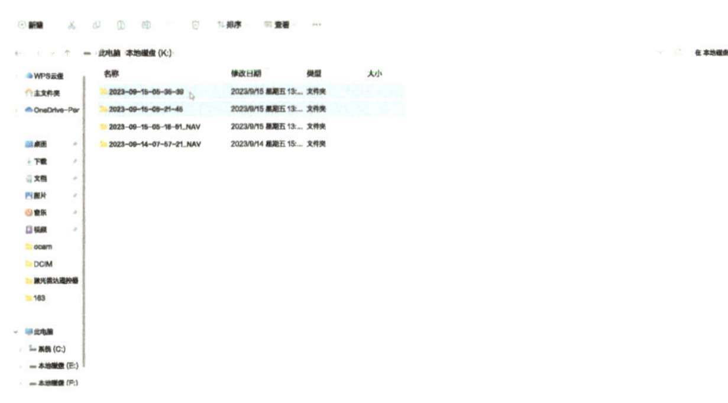

图1-69　找到以数字结尾的文件夹（非后缀为_NAV文件夹）

（2）工程文件拷贝到电脑后，通过生成文件夹的时间与飞行时记录的时间确定此段数据的飞行架次，用“线路名称 + 主线或支线 + 起止杆号”的方式重命名并整理，妥善保存数据。如图 1-70 所示。

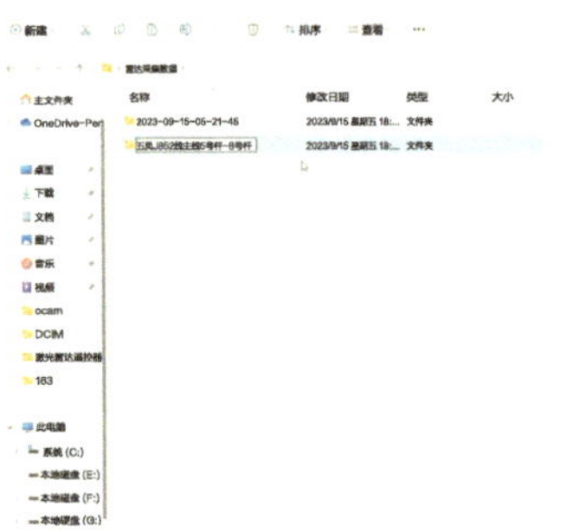

图1-70　工程文件重命名

1.6.2 相机数据下载

若使用的 LiAir X 设备有同步采集相机数据，还需下载影像数据，用于激光点云赋色。

（1）取出相机 SD 卡，用读卡器连接电脑，直接拷贝 SD 卡内的影像数据至临时文件夹中。如图 1-71 所示。

（2）查找最新架次照片张数。打开最新采集的工程文件，按 Cam—Images—Cam1 路径找到 .cam 文件。打开 .cam 文件（打开方式选择“记事本”），此时可以看到编排的数字；将文本拖到最下面，查看最后一排开头的数字，该数字为最

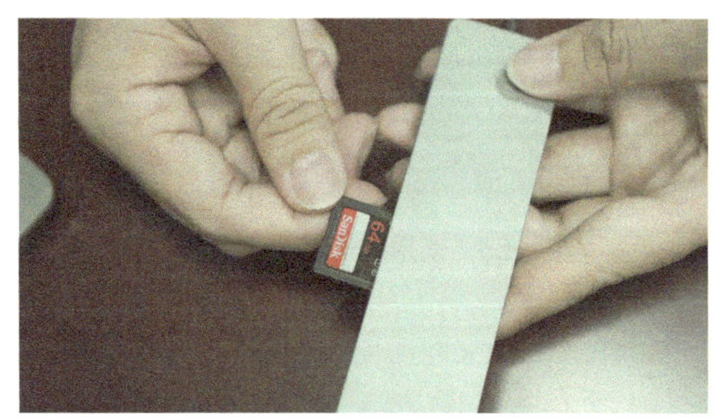

图1-71　SD卡连接读卡器

新架次拍摄的照片张数。如图 1-72 和图 1-73 所示。

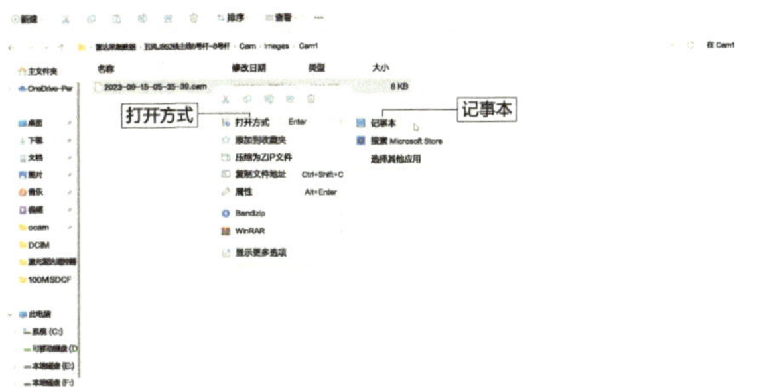

图1-72　打开方式选择“记事本”

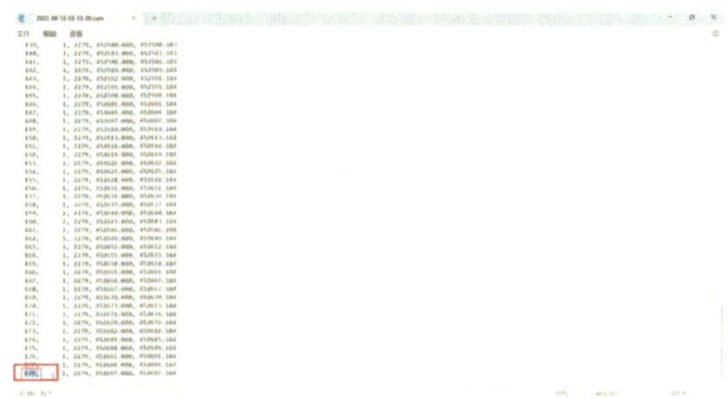

图1-73　查找最新架次拍摄的照片张数

（3）到照片临时存放文件夹中（按最新时间排序）选取与上面查到的最新架次照片数相同数量的照片（查看第一张和最后一张照片是否与实际对应）复制到最新架次工程文件夹“Cam—Images”中。如图 1-74 和图 1-75 所示。

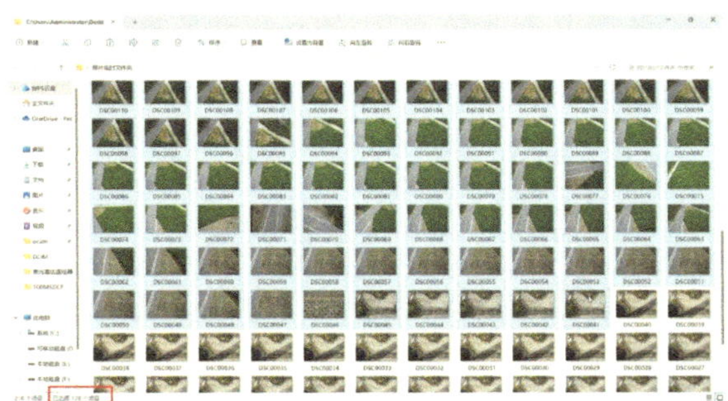
图1-74　选取与查到的最新架次照片数相同数量的照片

图1-75　照片复制到最新架次工程文件夹

1.7 点云数据解算

（1）以数字绿土公司的 LiGeoreference 解算软件为例，打开解算软件，点击“浏览”按钮，选择需要解析的原始数据工程文件夹，选择 Live 结尾的工程文件进入软件，此时读取航线轨迹文件，读取完成后，可以看见飞行轨迹。如图 1-76、图 1-77、图 1-78 和图 1-79 所示。

图1-76　LiGeoreference解算图标

图1-77　选择需要解析的原始数据工程文件夹

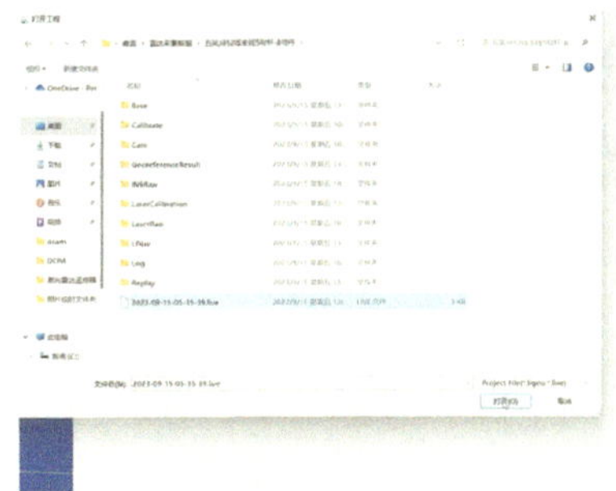

图1-78　选择Live结尾的工程文件

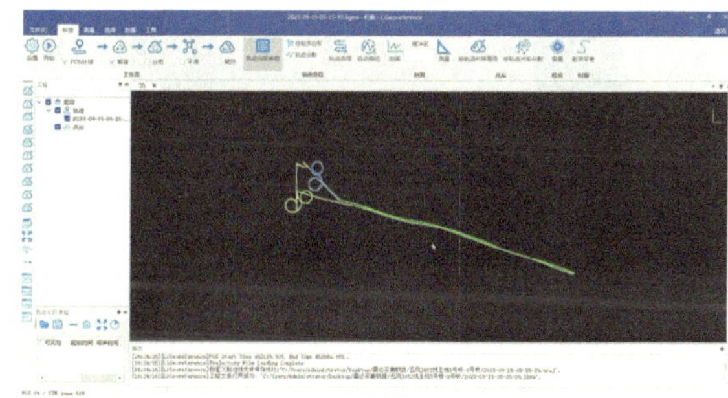

图1-79　航线轨迹读取完成

（2）首次使用软件时，需要对软件进行设置，点击左上方“设置”进入设置菜单，选择顶部菜单中POS设置，处理模式勾选“LiNav”，基线选择 INS/PPK（通用模式），IMU 文件会自动识别，基站数据选择绿土云迹，定位模式选择从数据头解析，POS 选择勾选自动裁剪的 POS。如图 1-80 所示。

（3）勾选左上方 POS 处理、解算、赋色三个选项，点击左侧“开始”按钮，数据进行解算，此时会跳出登录界面，输入解算账号和密码点击“登录”，开始下载基站数据。注意：需要使用联网的电脑才可以下载基站数据。如图 1-81 所示。

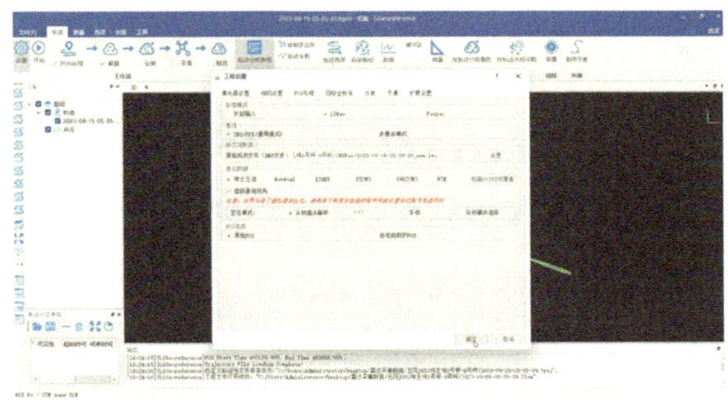

图1-80　软件设置

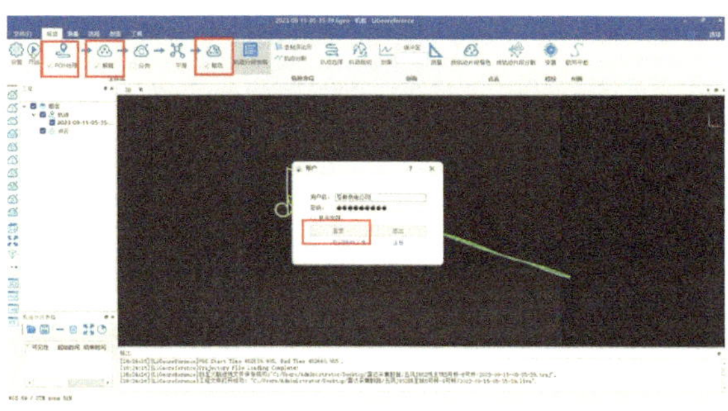

图1-81　数据解算登录

（4）下载完成后软件自动进行解算工作，进度条完成出现点云成果即可。如图 1-82 和图 1-83 所示。

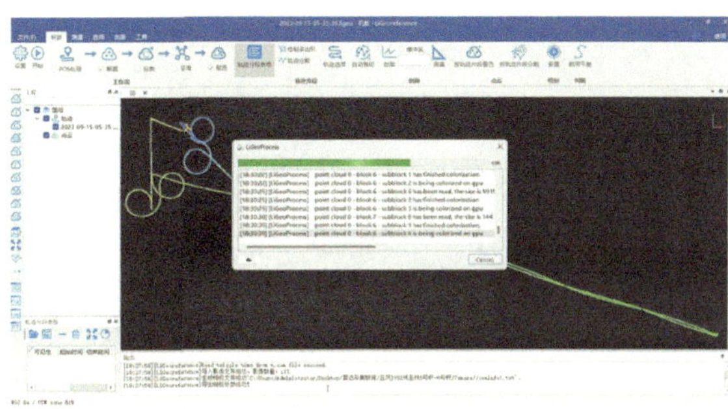

图1-82　解算过程

图1-83　点云成果完成解算

（5）完成解算后，顶部菜单栏中点击“工具”，选择“去噪”；进入去噪菜单后直接点击“确定”，此时软件会去除噪点，去除结束后弹出“是否将结果加入点云”的按钮，选择“是”。如图 1-84 和图 1-85 所示。

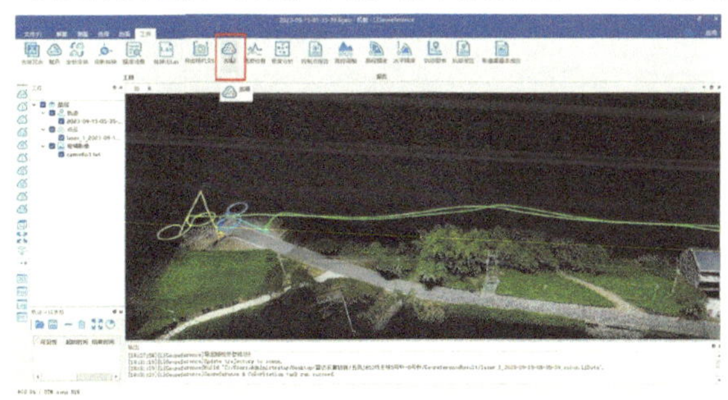

图1-84　选择“去噪”

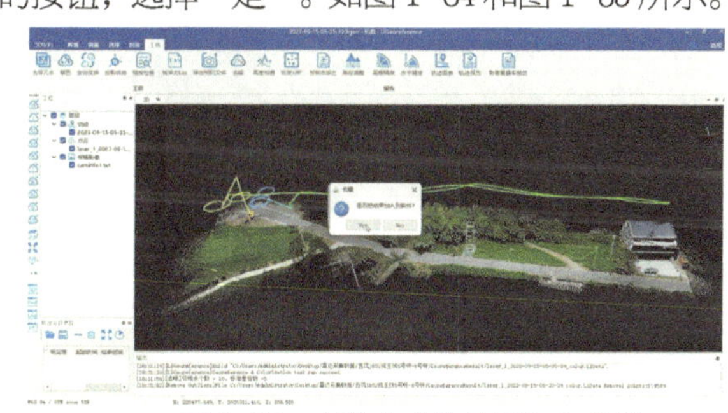

图1-85　去噪完成将结果加入软件

（6）在左侧点云列表中可以看到有“去噪”两个字的数据文件，右击该文件，选择“导出”，保存类型选择LAS格式，保存位置选择为原始工程数据文件夹中的GeoreferenceResult文件夹，点击“保存”，随后到此文件夹内即可找到以LAS结尾的点云成果数据。如图1-86、图1-87和图1-88所示。

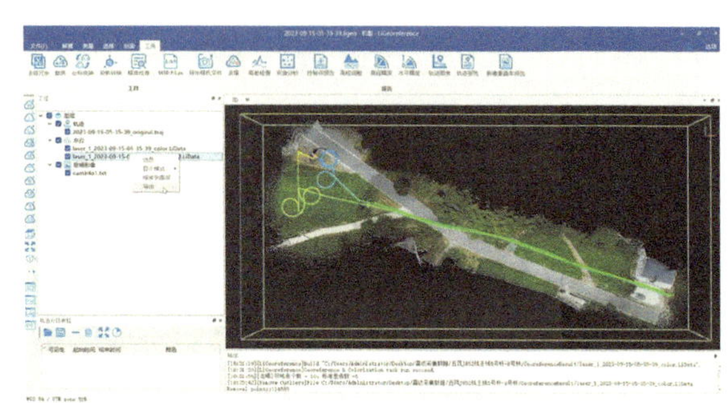

图1-86　点云成果导出

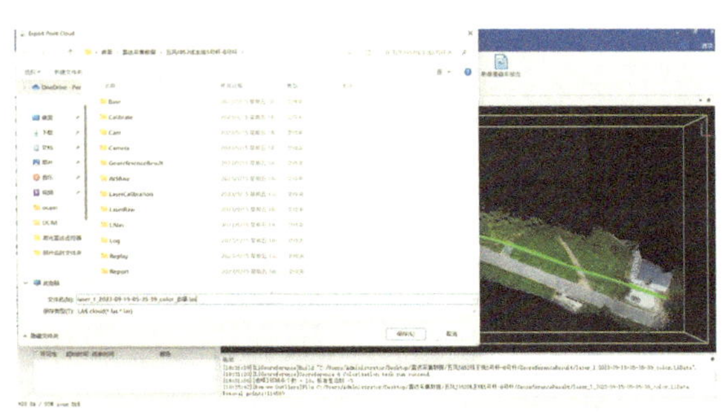

图1-87　保存类型选择LAS格式

图1-88　目标文件夹找到以LAS结尾的点云成果数据

第 2 章　配电网无人机自主巡检

2.1 作业概况

2.1.1 配电网无人机自主巡检概述

配电网无人机自主巡检即自主巡检复飞作业，是指无人机飞手现场使用移动端 App（浙江配电 App，下文简称“App”），加载供电服务指挥系统中已发布的自主巡检作业计划，对已验证航线的配电网架空线路执行巡检，控制无人机一键起飞，并在航线预设巡检点悬停、自动拍摄巡检照片的作业。

配电网无人机自主巡检作业完成、任务提交后，由 App 向互联网大区（输变配全景智慧应用群）上传巡检里程、轨迹等数据及巡检照片，并由互联网大区将相关数据同步至信息管理大区（供电服务指挥系统）。

2.1.2 配电网无人机自主巡检模式

配电网无人机自主巡检作业可根据航线预设巡检点拍摄照片数量、策略及云台角度等，分为精细化巡检、通道巡检两种模式，精细化巡检、通道巡检飞行策略及拍摄要求参考《配网无人机巡检作业一本通 . 人机协同》。

2.1.3 无人机自主巡检周期

根据《国网浙江省电力有限公司配电网无人机规模化应用工作方案》执行“一年一次精细化巡检”“一年

两次通道巡检”。

2.2 作业条件

2.2.1 空域环境

（1）开展架空配电线路无人机作业的各单位应遵守《无人驾驶航空器飞行管理暂行条例》（国务院、中央军事委员会令第 761 号）及其他相关国家法律法规与地方政策，规范化使用空域。

（2）未经空中交通管制批准，无人机不得在空中危险区、空中禁区、空中限制区飞行。

（3）执行作业任务前，有关部门应按照有关流程办理空域申请手续。

2.2.2 气象条件

在以下气象条件下，不宜开展无人机巡检作业。

（1）能见度小于 300m 的天气情况。

（2）5 级以上大风或阵风。

（3）雾、雪、大雨、冰雹等恶劣天气。如突遇以上天气变化，已开展的作业应及时终止。

2.2.3 作业现场环境

（1）作业前，应提前勘察、判断作业环境是否满足无人机起降要求（地面危险区、环境复杂区等）。

（2）作业人员应熟悉掌握飞行作业线路情况。

（3）作业现场应远离爆破、射击、烟雾、火焰、机场、铁路、人群密集、高大建筑、军事管辖、无线电干扰等可能影响无人机飞行的区域。无人机不宜在变电站（所）、电厂上空穿越。

（4）无人机的起降点应与配电线路和其他设备及附属设施保持足够的安全距离，具备起降条件。

（5）作业前，无人机应预先勘察好紧急情况下的安全降落地点。

（6）无人机起飞和降落时，作业人员应与其始终保持足够的安全距离，不应站在无人机航线的正下方。

（7）作业人员划定作业区域，确保其不受外部环境干扰，必要时，可在现场设置安全围栏。

（8）作业现场不应使用可能对无人机通信链路造成干扰的电子设备。

（9）应在环境内有信号塔、居民城区信号干扰较多的地区减少超视距飞行。

（10）作业区域处于狭长地带或大档距、大落差等特殊区域时，作业人员应根据无人机的性能及气象情况判断是否开展作业。

2.2.4 人员情况

（1）作业人员需熟悉配电网无人机作业系统，取得《无人驾驶航空器飞行管理暂行条例》（国务院、中央军事委员会令第 761 号）规定的相应驾驶员资质证。

（2）作业人员包括工作负责人（兼监护人及辅助人员）和工作班成员，工作班成员包括至少一名无人机驾驶员（飞手），必要时应增设无人机观测员岗。

2.3 巡检计划编制及设备领用

2.3.1 巡检计划编制 / 发布

作业前，使用供电服务指挥系统编制巡检计划，派发至执行巡检任务飞手账号中，如图 2-1 和图 2-2 所示。并根据作业任务开具工作任务单，如表 2-1 所示。

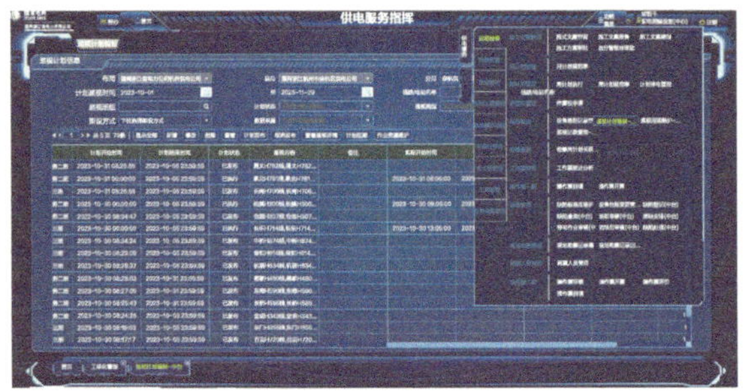

图2-1　供电服务指挥系统巡视计划编制（a）

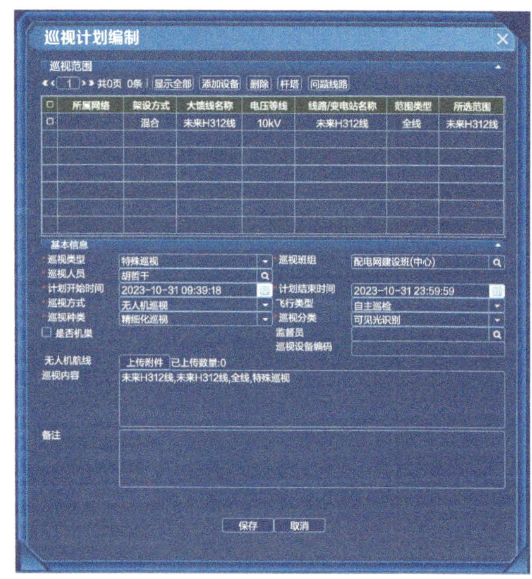

图2-2　供电服务指挥系统巡视计划编制（b）

表2-1　工作任务单

单位：×××××	编号：2023-10-15-py-01
1. 工作负责人：×××　　　　　　工作许可人：×××	
2. 工作班： 工作班成员（不包括工作负责人）：×××	
3. 作业性质： 通道巡检（ ）精细化巡检（ ）工程验收（ ）自主巡检（√）故障巡检（ ）特殊巡检（ ）应急照明（ ）	
4. 无人机巡检系统型号及组成：精灵 4-RTK	
5. 使用空域范围：10kV 坞山 ××× 线	
6. 工作任务：10kV 坞山 ××× 线 1 号 ~23 号杆自主巡检	
7. 安全措施（必要时可附页绘图说明） 7.1 飞行巡检安全措施 ①确认气象条件是否满足无人机起降条件； ②检查起降点周围环境，确认满足起飞条件。 7.2 安全策略：设置电量低于 30% 自动返航。 7.3 其他安全措施和注意事项 ①如遇雷、雨、大风天气应停止作业，无人机立即返航就近降落； ②工作人员操作前 8 小时内不得饮酒； ③起飞和降落时，现场所有人员应与无人机保持足够的安全距离（5m）。 7.4 上述 1~6 项由工作负责人____根据工作任务布置人____的布置填写。	

8. 许可方式及时间 许可方式：当面通知 许可时间：____年____月____日____时____分至____年____月____日____时____分
9. 作业情况 作业自____年____月____日____时____分开始，于____年____月____日____时____分，无人机撤收完毕，现场清理完毕，作业结束。 工作负责人于____年____月____日____时____分向工作许可人用当面报告方式汇报。 无人机巡检系统状况：良好
工作负责人（签名）：××× 工作许可人：×××
填写时间：____年____月____日____时____分

2.3.2 设备领用

当日作业开展前，无人机飞手向所在单位仓库，按需领用作业设备及配件，逐一检查设备及配件功能正常、外观完好，电池电量充足，填写设备领用单，写明无人机及配件型号、数量，作业完成后当日归还。

主要领用设备及配件：具备 RTK 功能无人机一台（精灵 4RTK、M300RTK、御 2 行业进阶版等）、电池若干、数据存储卡、无人机遥控器、手机（或平板，安卓系统，带网络功能，已安装浙江配电 App）、数据连接线缆等其他配件，如图 2-3 和图 2-4 所示。本项目作业机型以精灵 4RTK 为例。

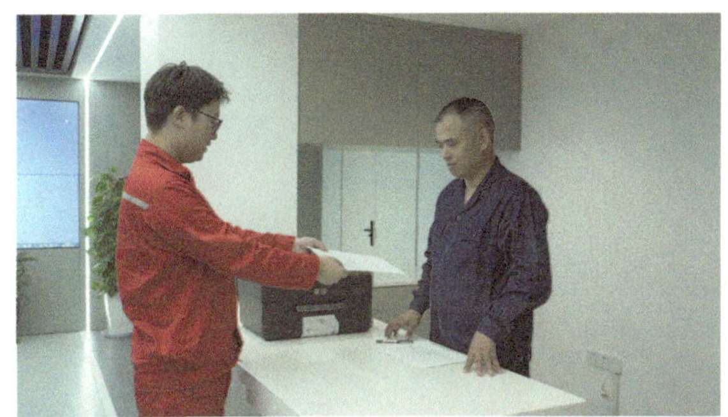

图2-3　无人机及配件设备仓库领用

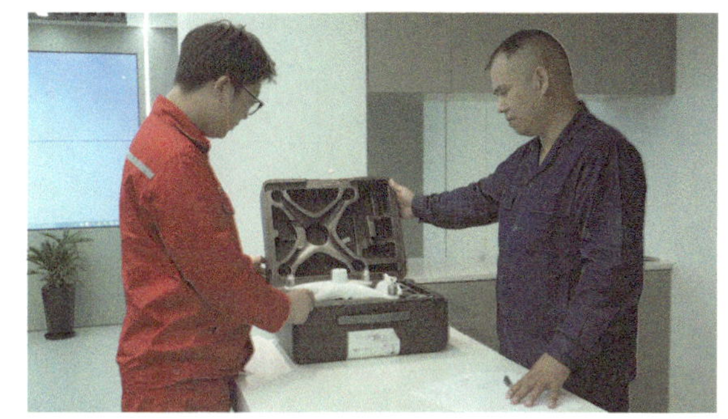

图2-4　清点设备

2.3.3 设备检查

检查无人机机身及电池、桨叶、存储卡等配件状况，判断其是否满足作业条件，提前开机自检。如图 2-5、图 2-6、图 2-7、图 2-8、图 2-9 和图 2-10 所示。

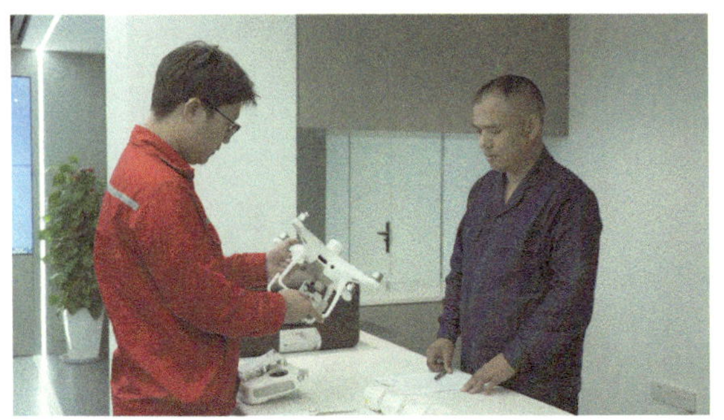

图2-5　检查无人机（a）

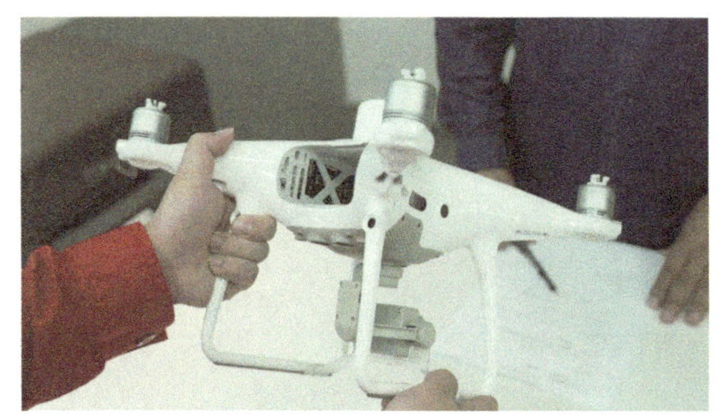

图2-6　检查无人机（b）

图2-7　检查电池（a）

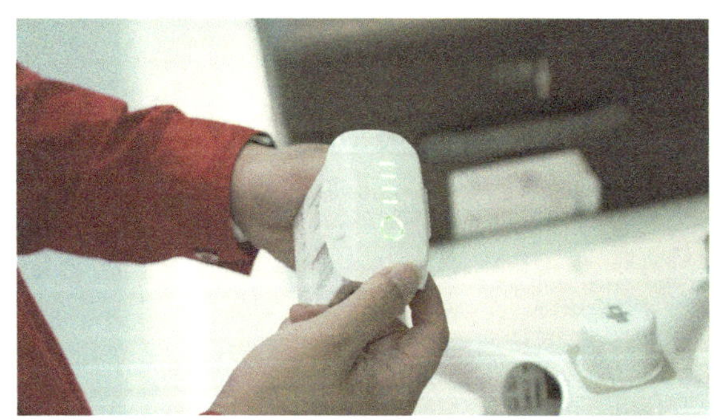

图2-8　检查电池（b）

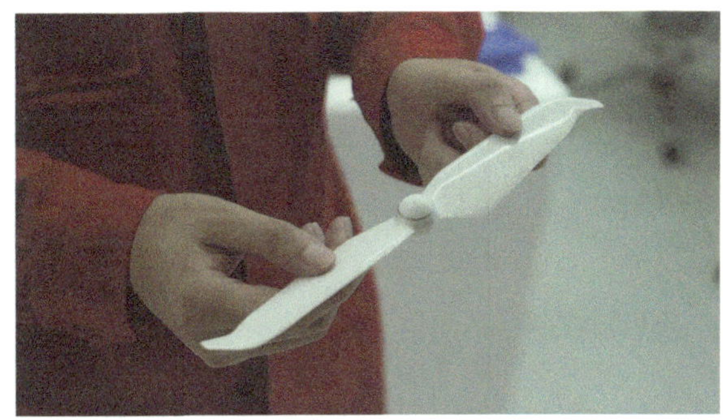

图2-9　检查桨叶

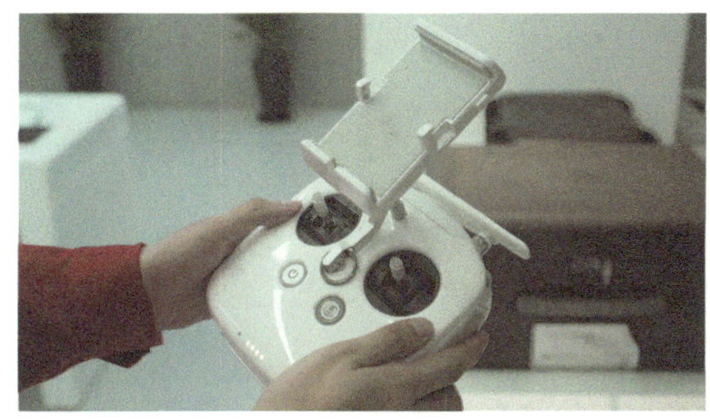

图2-10　检查遥控器

2.4 现场作业前准备

2.4.1 现场环境确认

（1）禁飞区确认：检查现场是否有临时变更的禁飞区域，飞行是否影响周边相关部门。

（2）天气观测：天气应为非雨、雪、大风天气，现场风速应小于 5 级，如图 2-11 所示。

（3）环境观察：巡检线路周围是否有可能影响信号传输的高大建筑、山区，如图 2-12 所示。

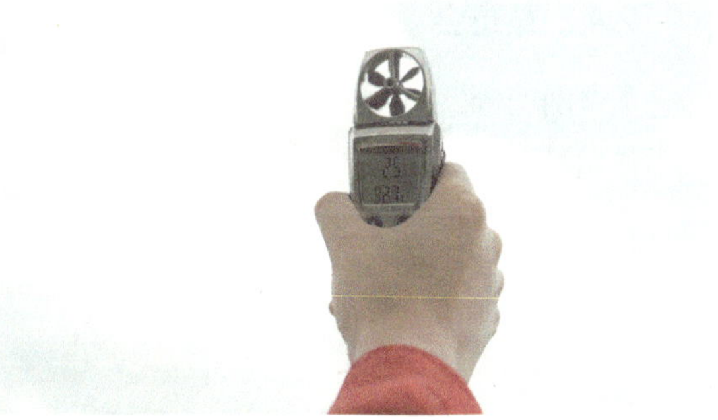

图2-11　作业人员现场天气观测

（4）起降点确认：确认现场工作范围内应有适合无人机的起飞和降落地点，如图 2-13 所示。

图2-12　作业人员现场环境观察

图2-13　起降点确认

2.4.2 站班会

开始作业前，应进行站班会，开展“三交三查”工作。“三交”是交任务、交安全、交措施；“三查”是查工作着装、查精神状态、查个人安全用具。工作负责人进行任务分工（一人操作飞行，一人监护并记录数据），检查完毕后履行许可手续，如图 2-14 和图 2-15 所示。

图2-14　现场站班会

图2-15　签字确认

2.4.3 无人机设备组装、连接及起飞前检查

（1）设备组装及检查：现场组装无人机设备并逐一再次确认无人机设备及配件功能正常、外观等完好，电池电量充足，符合巡检作业要求，如图 2-16、图 2-17、图 2-18 和图 2-19 所示。

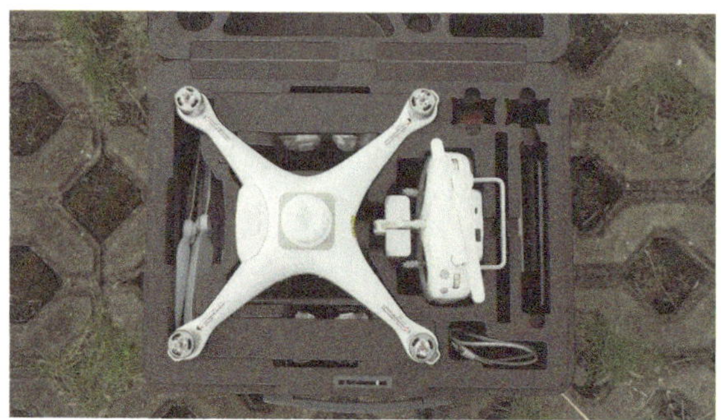

图2-16　检查配件

图2-17　安装桨叶（a）

图2-18　安装桨叶（b）

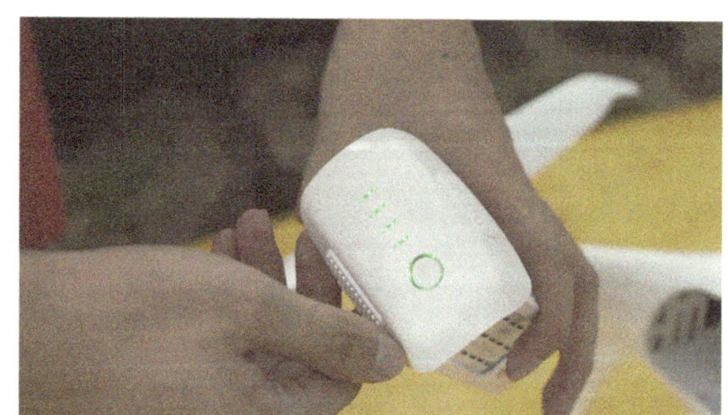

图2-19　检查电池

（2）设备连接及检查：将无人机遥控器与手机 / 平板连接（或使用带屏显遥控器），确认连接可靠、数据传输正常。如图 2-20 所示。

（3）系统参数检查：确认无人机电池电量、摇杆模式、飞行模式、遥测信号正常，导航定位功能、避障功能、RTK 解析、返航高度、导航卫星颗数、指南针校准情况、返航点刷新情况、图传情况设置正确并数据正常。

其中，RTK 状态确认部分与人机协同有所区别，具体如下：

①确认 RTK 连接状态，通常为选择网络 RTK，RTK 连接状态为数据使用中，如图 2-21 所示。

②确认 RTK 解析状态，RTK 解析状态为固定解，如图 2-22 所示。

③检查 RTK 信号状态，进入“查看无人机坐标”，当前网络 RTK 获取的基站坐标显示正常，如图 2-23 所示。

图2-20　无人机及配件设备线材连接，遥控器连接手机/平板画面

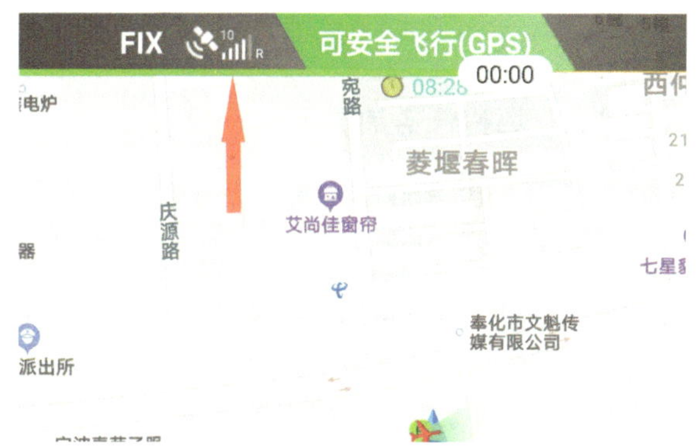

图2-21　无人机RTK连接状态

图2-22　无人机RTK解析状态

图2-23　无人机RTK信号状态

2.5 飞行作业

2.5.1 巡检任务加载

在浙江配电 App 中进入“任务单”界面，选择要执行的任务，点击“查看详情”，在详情页面中确认信息无误后点击“加载任务”。如图 2-24、图 2-25 和图 2-26 所示。

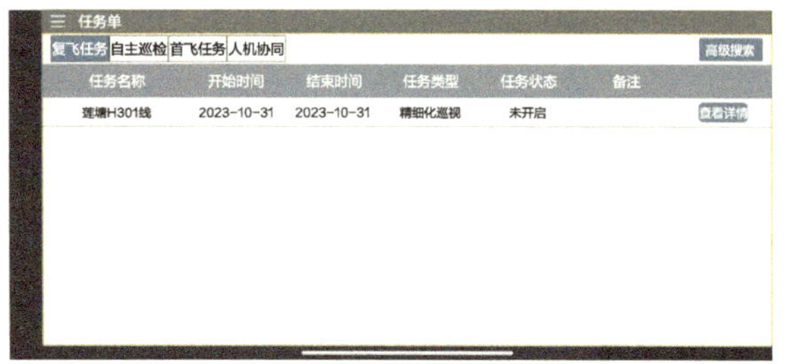

图2-24　浙江配电App“任务单”界面

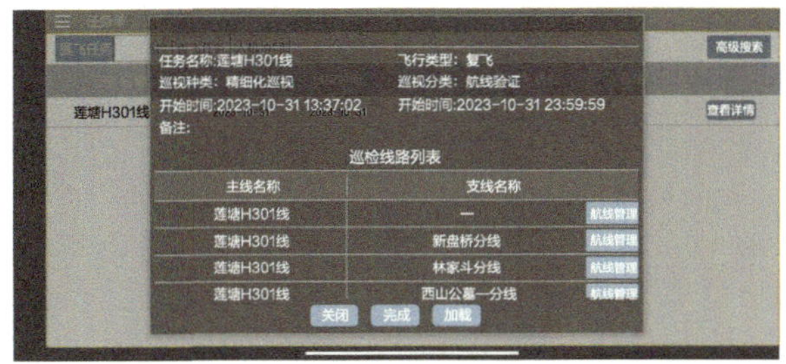

图2-25　浙江配电App“查看详情”界面

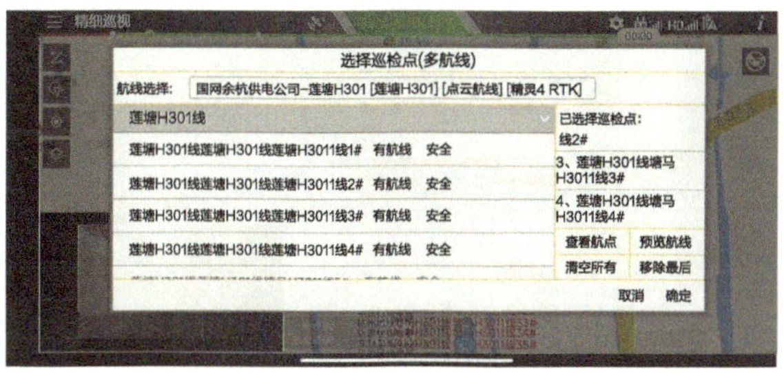

图2-26　浙江配电App加载任务选项

2.5.2 复飞巡检点选择

在浙江配电 App 中进入“复飞巡视”界面，在“线路列表”中确定巡检主线或分支线，并选择巡检点。

2.5.3 自主巡检执行

检查选择航线的巡检点正确，预览航线无误，点击“确定”后，进入“复飞参数设置”提示框，按照现场的实际情况选择“直线返航”或“原路返航”，输入进入测区（返航）补充高度、返航高度，点击“确定”；飞行安全检查后点击“自动起飞”。如图 2-27、图 2-28、图 2-29 和图 2-30 所示。

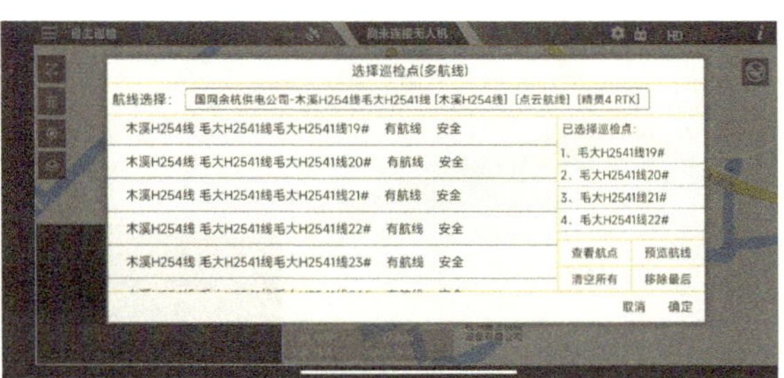

图2-27　浙江配电App巡检点确认界面

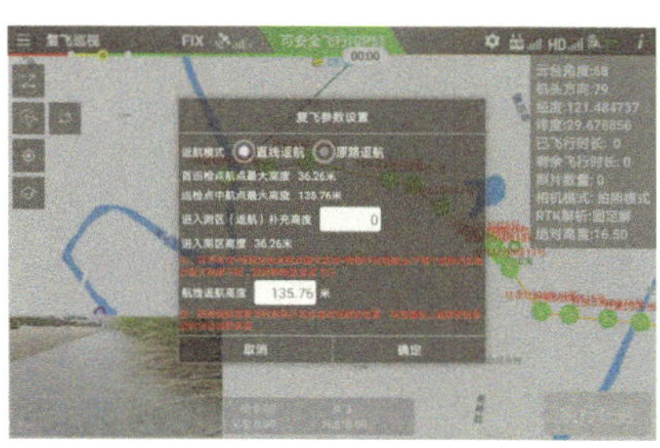

图2-28　浙江配电App“复飞参数设置”界面

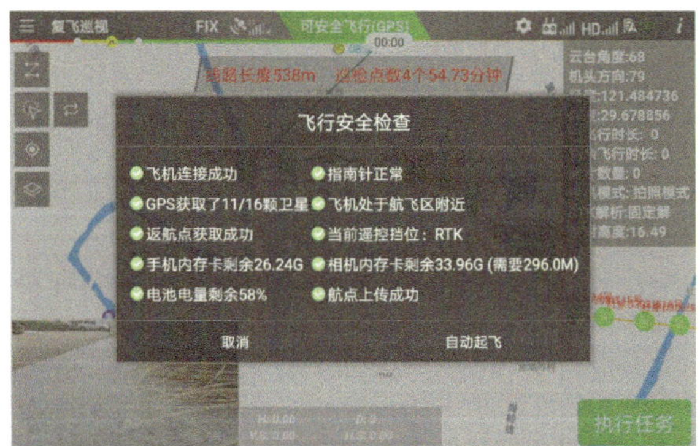

图2-29　浙江配电App飞行安全检查界面

图2-30　现场自主巡检执行“一键起飞”

2.6 飞行结束

2.6.1 返航

根据现场作业环境条件和降落点位置选择返航 / 降落方式：自动返航、手动返航 / 降落（建议使用手动返航 / 降落）。

（1）自动返航：根据浙江配电 App 提示，沿预设返航策略返回至起降点并降落，如图 2-31 所示。

（2）手动返航 / 降落：由现场无人机飞手取消浙江配电 App 自动返航执行，接管遥控无人机就地降落至适合位置降落点。如图 2-32 所示。

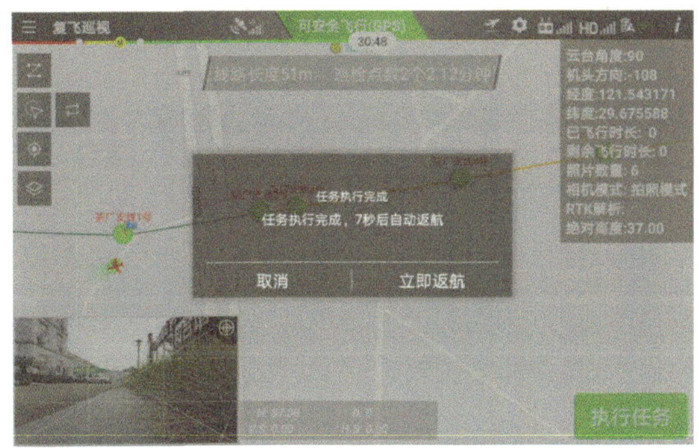

图2-31　浙江配电App“任务执行完成——是否自动返航”界面

图2-32　现场自主巡检就地降落至适合位置降落点

2.6.2 现场航飞图片上传

根据现场工作需求确定是否由 App 立即执行“航飞图片上传”任务。一般选择“否”，如选择立即执行“航飞图片上传”，将占用图传网路通道，存在一定飞行安全隐患。如图 2-33 所示。

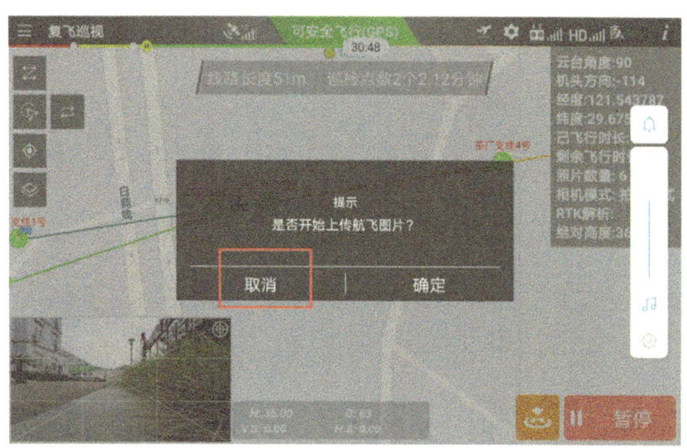

图2-33　浙江配电App“是否上传航飞图片？”界面

2.7 作业完成

2.7.1 任务提交

无人机降落后，在任务列表中选择刚才执行的自主巡检作业架次，点选“上传记录”按钮，完成提交任务。如果此线路自主巡检任务未完整执行，先不提交任务。如图 2-34 所示。

飞行记录

飞行记录　图片信息　　绑定　上传记录　上传图片　查看图片　全选

日期	任务描述	里程	时长	最大高度	记录状态	图片状态
2023-08-02 09:51	自主巡检、三角塘分线三角…	2.3km	21min	27m	已上传	未下载
2023-08-02 09:33	自主巡检、三角塘分线14# …	904m	14min	24m	已上传	未下载
2023-08-02 09:07	自主巡检、沙塘畈分线20# …	1.8km	18min	25m	已上传	未下载
2023-07-31 10:40	自主巡检、防洪闸2分线7# …	560m	8min	21m	已上传	未下载
2023-07-31 10:17	自主巡检、防洪闸分线80# …	706m	6min	32m	已上传	未下载
2023-07-31 09:59	自主巡检、防洪闸分线72# …	1.2km	16min	31m	已上传	未下载
2023-07-31 09:42	自主巡检、防洪闸分线58# …	1.1km	15min	24m	已上传	未下载
2023-07-31 09:23	自主巡检、防洪闸分线34# …	963m	17min	45m	已上传	未下载
2023-07-31 09:04	自主巡检、防洪闸分线20# …	1.3km	16min	19m	已上传	未下载

图2-34　上传记录

2.7.2 上传巡检照片

巡检记录上传，提交任务后，在“飞行记录”中选择刚才执行的自主巡检作业架次，点选“查看图片”按钮；待图片加载完成后返回飞行记录界面，点选“上传图片”按钮（上传图片、下载图片如报错：上传失败、下载失败，重启无人机、遥控器即可）。如图 2-35、图 2-36 和图 2-37 所示。

图2-35　查看图片

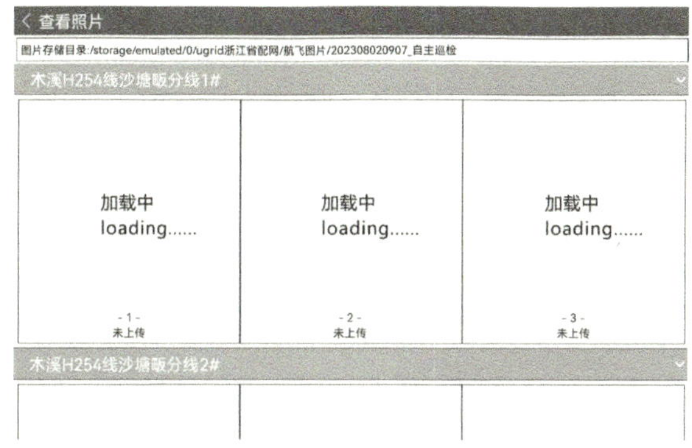

图2-36　浙江配电App查看照片加载界面

图2-37　上传图片

2.7.3 设备收回

按照设备出库清单，将无人机、配件设备一并收回，如图 2-38 和图 2-39 所示。

图2-38　配件设备装箱

图2-39　无人机装箱

2.7.4 终结无人机作业任务单

根据此架次自主巡检作业实际情况，终结无人机作业任务单，如图 2-40 所示。

图2-40　终结无人机作业任务单

2.8 资料归档

2.8.1 导出照片

作业全部结束后，如因现场工作需求未现场执行“航飞图片上传”，可由无人机飞手将数据存储卡通过读卡器连接至电脑，将巡检照片导出再上传至互联网大区。如图 2-41、图 2-42 和图 2-43 所示。

图2-41　数据存储卡照片导出文件夹路径

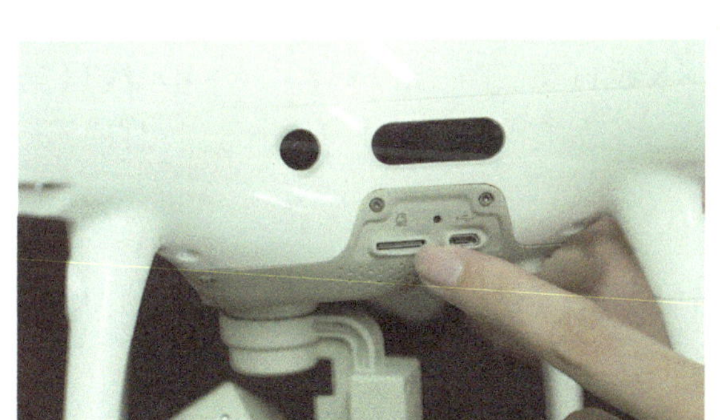

图2-42　无人机存储卡位置

图2-43　将巡检照片导出上传至互联网大区

2.8.2 照片命名归档

现场航飞图片上传后，可根据平台自动生成的巡检照片文件名对无人机采集照片进行命名管理并归档。无人机飞手自行导出巡检照片后，需自行按规范格式重命名并归档。

杆塔命名需体现设备双重名称、杆塔拍摄位置信息，如为双回路 / 多回路同杆架设线路，需在照片命名中标注，便于后续检索及添加缺陷、隐患命名字段。

参考命名格式如下（各公司可根据公司内部配电网线路命名规范做调整）。

（1）单回路正线：[××$×××线]+[××$×××× 线]（二级正线，如有）+[××# 杆]+[小号侧 / 杆顶 / 大号侧]。

例 1：展翅 H123 线 1# 杆小号侧

例 2：展翅 H123 线高飞 H1232 线 1# 杆大号侧

（2）双回路正线：[××$×××线]（第一条线路）+[××$×××线]（第二条线路）+[××$×××× 线]（第一条线路二级正线，如有）-[××$×××× 线]（第二条线路二级正线，如有）+[××# 杆]+[小号侧 / 杆顶 / 大号侧]。

例 1：遨游 G456 线、天际 G556 线 1# 杆小号侧

例 2：遨游 G456 线天际 G556 线 - 沧海 G4561 线云帆 G5561 线 1# 杆大号侧

（3）分支线路：[××$×××线]+[×××× 分线]+[××# 杆]+[小号侧 / 杆顶 / 大号侧]。

例 1：扶摇 H789 线九万里分线 5# 杆大号侧

照片规范命名如图 2-44 所示。

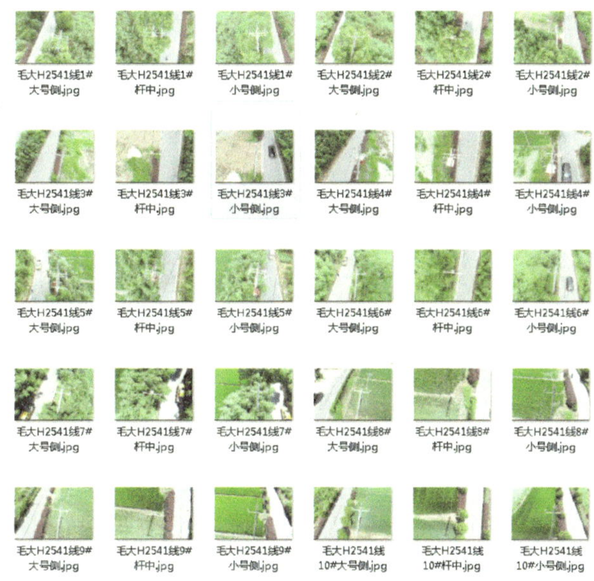

图2-44　照片规范命名